BEI GRIN MACHT SICH IHR WISSEN BEZAHLT

- Wir veröffentlichen Ihre Hausarbeit, Bachelor- und Masterarbeit

- Ihr eigenes eBook und Buch - weltweit in allen wichtigen Shops

- Verdienen Sie an jedem Verkauf

Jetzt bei www.GRIN.com hochladen und kostenlos publizieren

Sylvia Lorenz

Landwirtschaftliche Nutzung in Chile

Regionale Anbausysteme und Weltmarktorientierung

GRIN Verlag

Bibliografische Information der Deutschen Nationalbibliothek:

Die Deutsche Bibliothek verzeichnet diese Publikation in der Deutschen National-
bibliografie; detaillierte bibliografische Daten sind im Internet über http://dnb.d-
nb.de/ abrufbar.

Dieses Werk sowie alle darin enthaltenen einzelnen Beiträge und Abbildungen
sind urheberrechtlich geschützt. Jede Verwertung, die nicht ausdrücklich vom
Urheberrechtsschutz zugelassen ist, bedarf der vorherigen Zustimmung des Verla-
ges. Das gilt insbesondere für Vervielfältigungen, Bearbeitungen, Übersetzungen,
Mikroverfilmungen, Auswertungen durch Datenbanken und für die Einspeicherung
und Verarbeitung in elektronische Systeme. Alle Rechte, auch die des auszugsweisen
Nachdrucks, der fotomechanischen Wiedergabe (einschließlich Mikrokopie) sowie
der Auswertung durch Datenbanken oder ähnliche Einrichtungen, vorbehalten.

Impressum:

Copyright © 2011 GRIN Verlag GmbH
Druck und Bindung: Books on Demand GmbH, Norderstedt Germany
ISBN: 978-3-656-19633-4

Dieses Buch bei GRIN:

http://www.grin.com/de/e-book/194398/landwirtschaftliche-nutzung-in-chile

GRIN - Your knowledge has value

Der GRIN Verlag publiziert seit 1998 wissenschaftliche Arbeiten von Studenten, Hochschullehrern und anderen Akademikern als eBook und gedrucktes Buch. Die Verlagswebsite www.grin.com ist die ideale Plattform zur Veröffentlichung von Hausarbeiten, Abschlussarbeiten, wissenschaftlichen Aufsätzen, Dissertationen und Fachbüchern.

Besuchen Sie uns im Internet:

http://www.grin.com/

http://www.facebook.com/grincom

http://www.twitter.com/grin_com

Christian-Albrechts-Universität zu Kiel

Mathematisch-Naturwissenschaftliche Fakultät

Geographisches Institut

Große Exkursion: „Stadt- und Regionalentwicklung"

Hausarbeit WS 2010/11

Landwirtschaftliche Nutzung in Chile:

regionale Anbausysteme und Weltmarktorientierung

vorgelegt von: Sylvia Lorenz

Fachsemester: 1. Semester Stadt- und Regionalentwicklung

Master of Science

Kiel, 06. Januar 2011

Inhaltsverzeichnis

Abbildungs- und Tabellenverzeichnis

1 Einleitung

Chile, das Land mit seiner sehr schmalen und länglichen Form bietet eine vielfältige Landschaft und Vegetation: die Atacama-Wüste im Norden, die Weinregionen um Santiago de Chile in der Mitte, das wilde und zerklüftete Patagonien im Süden und weit draußen auf dem Pazifik, die Osterinsel.

Chile ist ein traditionelles Agrarland, dessen Landwirtschaft sowohl für die Sicherung der Ernährung und der Produktion von nachwachsenden Rohstoffen als auch für die Erhaltung und Entwicklung der Kulturlandschaft eine bedeutende Rolle spielt. Bedingt durch klimatische und hydrographische Unterschiede sowie durch verschiedene Bodenqualitäten konzentriert sich die Landwirtschaft auf bestimmte Bereiche des Landes.

Der „Tiger Südamerikas" verzeichnete seit Anfang der 1980er Jahre ein Wirtschaftswachstum von teilweise mehr als fünf Prozent. Seit den 1990er Jahre gehört Chile mit seiner stark exportorientierten Wirtschaft zu den ökonomisch am stärksten expandierenden Ländern Lateinamerikas. Neben dem Export von Bodenschätzen wie Salpeter und Kupfer gehört auch der Export landwirtschaftlicher Produkte zu den wichtigen Einnahmequellen. Dabei zählt Chile zu den größten Exporteuren von Obst und Wein (ASCHEMEIER 2009: 113).

Im Rahmen der folgenden Arbeit werden die einzelnen Agrarregionen beschrieben. Es stellt sich die Frage, in welchen Gebieten Chiles Landwirtschaft betrieben wird, welche Produkte angebaut werden und welche Anbausysteme in den einzelnen Regionen Verwendung finden.

Ferner wird die wirtschaftliche Stellung Chiles im Weltmarkt aufgezeigt. Dabei werden sowohl Nachteile als auch Vorteile, der in den vergangenen Jahren stattfindenden Weltmarktorientierung, beschrieben.

2 Regionale Anbausysteme

Abb. 1 regionale Bodennutzung und Kulturpflanzen

Aufgrund der Begrenzung durch die im Osten gelegenen Anden, durch das Meer im Westen und durch die Wüste im Norden, ist nur ein Viertel der chilenischen Gesamtfläche landwirtschaftlich nutzbar (INTEMANN; SNOUSSI-ZEHNTER; VENHOFF 2004: 158). Insbesondere zwischen 31° und 42° südlicher Breite werden die Flächen extensiv von großen und produktiven Landbetrieben genutzt (Geographisch-Kartographisches Institut Meyer 1973: 138). Obwohl die Landwirtschaft über 14% der erwerbstätigen Bevölkerung beschäftigt, trägt dieser Sektor nur 8% zum Bruttosozialprodukt des Landes bei (INTEMANN; SNOUSSI-ZEHNTER; VENHOFF 2004: 158).

Geographisch wird Chile in fünf Naturregionen geteilt, welche sich von Nord nach Süd sowohl in Pflanzen- und Tierwelt als auch in Besiedlung und Wirtschaft unterscheiden (TIETZE 1982: 650).

Der Weinbau ist mit einheimischen und importierten Varietäten auf 110.000 ha die bedeutendste Sonderkultur des Landes (ZIEHR 1970: 439).

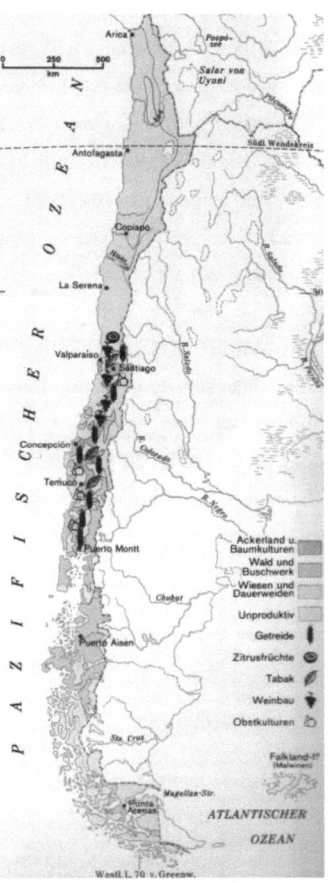

Quelle: ZIEHR 1970: 438

2.1 Der Große Norden

Der Große Norden erstreckt sich von der peruanischen Grenze bis etwa 28° südliche Breite; von der Region Arica und Parinacota bis zum Fluss Copiapó in der Region Atacama. In diesem wüstenhaften Gebiet hat der Boden keinen landwirtschaftlich nutzbaren Wert (TIETZE 1882: 650). Etwa zwei Prozent der Fläche wird im Großen Norden als Ackerland eingestuft. Kleine landwirtschaftlich genutzte Flächen, für den Anbau von Früchten und Gemüse, sind entlang der Flüsse zu finden, welche durch geringe Niederschläge und durch die Schneeschmelze in den Anden gespeist werden. Beispielhaft hierfür ist Azapa Valley (Olivenanbau) am Fluss San Jose und der Grüngürtel entlang des Loa-Flusses (vgl. Abb. 2 und Abb. 3). Daneben werden auch die im Osten gelegenen Hänge der Anden von kleinen landwirtschaftlichen Gemeinden besiedelt. Auf kleinsten Parzellen werden Mais, Bohnen und Luzerne angebaut. In höheren Lagen wird aufgrund feuchterer Klimabedingungen die Beweidung von Schafen, Ziegen, Lamas und Alpakas ermöglicht (WEIL 1969: 279). Im Großen Norden lagern die meisten der chilenischen Bodenschätze (ZIEHR 1970: 438). Neben den Salpeterlagern sind vor allem die Kupfervorkommen von wirtschaftlicher Bedeutung (TIETZE 1982: 650).

Abb. 2 Azapa Valley in der Region Arica & Parinacota   Abb. 3 Fluss Loa

Quelle: Yahoo! Deutschland GmbH   Quelle: National Museum Of Australia

2.2 Der Kleine Norden

Der Kleine Norden schließt südlich des Copiapó-Flusses in der Region Atacama an und reicht bis zur Region Coquimbo (WEIL 1969: 279). Die Landwirtschaft südlich des Großen Nordens und nördlich der Zentralzone ist ebenfalls nur begrenzt möglich. Intensiver Ackerbau existiert vor allem durch die Bewässerungswirtschaft in den Flussoasen/ Taloasen. Eines der berühmtesten Täler ist das Elqui Valley, in dem die Produktion von Pisco für Chile eine besondere Rolle spielt (vgl. Abb. 4). Die Flächen zwischen den Tälern und die westlichen Hänge des Küstengebirges dienen als spärliche Weiden für kleine Herden von Schafen und Ziegen (ZIEHR 1970: 441). Im begrenzten Umfang erfolgt in der Region, abgesehen von der Bewässerung, auch Trockenfeldbau (WEIL 1969: 279). Neben der Herstellung von Pisco gelten Apfelsinen, Zitronen, Feigen, Paltas und Chirimoyas als typische Früchte des Kleinen Nordens (TIETZE 1982: 650).

Abb. 4 Pisco-Produktion in Elqui Valley

Quelle: Umpfenbach, V. 2003

2.3 Zentralchile

Zentralchile erstreckt sich zwischen 31° und 37° südliche Breite und umfasst die Regionen von Valparaíso bis zum Fluss Bíobío in der Region Bío-Bío. Aufgrund des hervorragenden Klimas und des hohen Wasservorkommens befinden sich in diesem Gebiet die wichtigsten und fruchtbarsten Siedlungslandschaften Chiles (ZIEHR 1970: 438). Zentralchile enthält somit den größten Anteil an der landwirtschaftlichen Nutzfläche des Landes. Die Mehrheit der Produktion von Reis, Bohnen und Mais sowie ein Großteil der Weinfelder konzentrieren sich in Zentralchile (WEIL 1969: 280). Das sommertrockene Gebiet wird in Bezug auf seine vielseitige Landnutzung mit künstlicher Bewässerung kultiviert. Das von den Flüssen der Kordilleren stammende Wasser wird in Bewässerungsanlagen (Staudämme, Kanäle) aufbereitet (Geographisch-Kartographisches Institut Meyer 1973: 138). Durch die modernen Bewässerungsanlagen wurde die Intensivierung der Getreide-, Wein-, Obst- und Gemüsekulturen gefördert (TIETZE 1982: 650). Der Kontrast zwischen Bewässerungsland und Trockenfeld kennzeichnet in diesem Gebiet die heutige Kulturlandschaft.

Zudem gibt es ein großes Angebot an Arbeitskräften. Ein gut ausgebautes Schienen- und Straßennetz sorgt für einen schnellen Transport der Erträge in die Verbraucherzentren und Exporthäfen.

Im Tal des Río Aconcagua (vgl. Abb. 5) und im Mittelchilenischen Längstal, bis hin zur Provinz Ñuble werden die höchsten Hektarerträge erzielt (Geographisch-Kartographisches Institut Meyer 1973: 138). Im Übergang zum Kleinen Süden, befindet sich der Kern des chilenischen Weizenanbaus.

Abb. 5 Aconcagua

Quelle: Fotobank.ru

2.4 Der Kleine Süden

Der Kleine Süden schließt südlich des Flusses Bíobío an und reicht bis zur Region Los Lagos (WEIL 1969: 280). Gekennzeichnet durch ein immerfeuchtes, gemäßigtes Klima ist das Gebiet ebenso wie Zentralchile landwirtschaftlich wichtig (ZIEHR 1970: 441). Der Kleine

Süden enthält den zweitgrößten Anteil der landwirtschaftlichen Fläche Chiles (WEIL 1969: 280). An erster Stelle steht, in Bezug auf intensive Michwirtschaft, die Rinderhaltung (vgl. Abb. 6). Aufgrund des ozeanischen Klimas wird ein ganzjähriger Weidegang ermöglicht. Neben Kartoffel- und Obstanbau erfolgt in diesem Gebiet die zweitwichtigste Weizenerzeugung Chiles. Die Region Araucanía gilt als Kornkammer des Landes (vgl. Abb. 7). Ein bedeutender Wirtschaftszweig sind zudem die vielen Lachsfarmen in der Region (ZIEHR 1970: 441).

Abb. 6 Viehwirtschaft   Abb. 7 Weizenanbau in Araucanía

Quelle: wikipedia.org a)   Quelle: Fotothing

2.5 Der Große Süden

Der Große Süden entspricht in etwa dem chilenischen Teil Patagoniens und ist gekennzeichnet durch eine kühle, vorwiegend feuchte und gebirgige Umgebung (ZIEHR 1970: 438). Das Gebiet ist vor allem bekannt für seine großen Schaf- und Rinderherden (vgl. Abb. 8) (WEIL 1969: 280). In der Region Magallanes kommen auf etwa 300 Bauern ungefähr 1,5 bis 2 Millionen Schafe (MercoPress.com 2006). Zudem haben in den vergangenen Jahren exotische Arten, wie z.B. Rentiere, Einzug erhalten (IRIARTE; LOBOS; JAKSIC 2005).

Abb. 8 Schafherde in der Tierra del Fuego

Quelle: wikipedia.org b)

Neben der agrarwirtschaftlichen Produktion bietet die langgestreckte Küste Chiles eine vielfältige Fischerei. Im Norden Chiles werden Thunfische, Schwertfische und Anchoveta gefangen, in Mittelchile wird sich vor allem auf Heringe, Langusten und Meeresfrüchte spezialisiert, im Süden Chiles sind es Meeresfrüchte und Krustentiere sowie die berühmten Lachsfarmen (Geographisch-Kartographisches Institut Meyer 1973: 139).

3 Weltmarktorientierung

Unter der Militärregierung von General Pinochet (1973-1990) wurde die chilenische Wirtschaft für den ausländischen Wettbewerb geöffnet. Bei der Integration Chiles in die Weltwirtschaft waren insbesondere die Ausfuhr von Landwirtschafts- und Forstwirtschaftsprodukten von Bedeutung (KAY 2004: 533).
Die traditionelle Landwirtschaft und die Nahrungsmittelproduktion für den lokalen und nationalen Markt entwickelten sich zu einem komplexen globalen agrarwirtschaftlichen System (GWYNNE 1999: 212). Chiles exportorientierte Wirtschaftspolitik seit 1980 sah das Wachstum von nicht-traditionellen landwirtschaftlichen Exporten als Chance für eine neue Form des Wirtschaftswachstums. Zu jener Zeit hatte der nicht-traditionelle Export eine Wachstumsrate von 222% (BEE 2001: 229).

Die Tabelle 1 zeigt, dass sich die Ausfuhr landwirtschaftlicher und agro-industrieller Exporte im Zeitraum von 1990 bis 1996 mehr als verdoppelte. Besonders hoch ist das Wachstum im agro-industriellen Bereich. Der Export von verarbeiteten Obst und Wein hat sich in diesem Zeitraum mehr als vervierfacht (GWYNNE 1999: 213). Grundlegend dafür waren unter anderem die Kommerzialisierung des Obstes auf den globalen Märkten von multinationalen Unternehmen wie Dole und Chiquita (GWYNNE 1999: 216). Heutzutage erzielen die Agrarprodukte etwa 9% der Exporterlöse (INTEMANN; SNOUSSI-ZEHNTER; VENHOFF 2004: 159).

Tab. 1 Chiles landwirtschaftliche und agro-industrielle Exporte, 1990-96

Agro-industrieller Sektor	1990	1996	Veränderung in %
Frisches Obst	718.8	1345.8	87.2
Gemüse und Vieh	133.2	187.9	41.1
Verarbeitetes Obst	121.0	533.7	341.1
Wein und Getränke	83.3	342.0	310.6
Andere verarbeitete Produkte	182.4	475.1	160.5
Gesamt	**1238.7**	**2884.5**	**132.9**

Quelle: GWYNNE 1999: 214

Während der Export von Landwirtschaftsprodukten blühte, erfuhr der am Binnenmarkt orientierte Agrarsektor seinen Niedergang. Steigende Obst- und Holzexporte erhielten Priorität und wurden stark subventioniert. Demgegenüber blieben herkömmliche Anbauprodukte (z.B. Getreide, Mais und Kartoffeln) und die Viehzucht vollkommen unberücksichtigt. Zudem gingen viele Groß- und Kleinbauern, aufgrund der geringen Nachfrage nach diesen Produkten und aufgrund von Billigimporten, Bankrott (KAY 2004: 533-534).

Welche Auswirkungen die Beziehung zwischen den globalen Prozessen und der lokalen Ebene einer exportorientierten Region in Chile hatten, wird im folgenden Abschnitt, am Beispiel von Guatulame Valley, aufgezeigt. Dabei geht es insbesondere um die Veränderungen der Eigentumsverhältnisse von landwirtschaftlichen Klein- und Großbetrieben und deren Arbeitsverhältnisse.

3.1 Guatulame Valley

Guatulame Valley befindet sich in der vierten Region Chiles; im semi-ariden Norden (vgl. Abb. 9). Das Gebiet besitzt im internationalen Handelssystem von Tafeltrauben starke Wettbewerbsvorteile. Günstige Klimabedingungen erlauben die Ernte im späten Frühling (November), wodurch hohe Preise im Export zur nördlichen Hemisphäre erzielt werden. Zwischen 1977 und 1986 stieg der Preis der Tafeltrauben um 50% (BEE 2001: 230). Als die Landwirte die Rentabilität dieses Produktes bemerkten, vergrößerte sich zwischen 1979 und 1994 die Anbaufläche für Tafeltrauben in Guatulame Valley von 130 auf 1.800 Hektar (GWYNNE 1999: 210). Diese erstaunliche Flächenvergrößerung für den Anbau von Tafeltrauben vollzog sich ebenfalls im Talbecken von Chañaral Alto (gelegen in Guatulame Valley), in welchem bis 1980 keine Tafeltrauben angebaut wurden (BEE 2001: 230). Diese Vergrößerung resultierte einerseits aus der Erweiterung der Anbaugrenzen bis in die ariden Talseiten und andererseits aus einer Veränderung in der bestehenden Landnutzung. Entsprechend wurde eine Reduzierung der Anbaufläche von einjährigen Kulturen, wie z.B. Tomaten, vorgenommen.

Grundlegend für diese Veränderung waren erfolgversprechende Verträge zwischen großen exportierenden Obstunternehmen und den Landwirten. Die Landwirte bekamen Kredite um jeglichen Anbau auszuweiten, womit die steigende Nachfrage der nördlichen Hemisphäre befriedigt werden sollte. Faktoren, wie eine wachsende Nachfrage und hohe Preise auf den wichtigsten US-Märkten, begünstigten die Verträge zum Vorteil für die Farmer.
In den 1990 Jahren wurden die Verträge, wie die „Preisgarantie" basierend auf eine einjährige Konsignation, den Landwirten zum Verhängnis. Globale und wirtschaftliche Rahmenbedingen änderten sich. Für einige Landwirte war unmöglich sich neben dem Abbau bestehender Schulden finanziell zu erholen (GWYNNE 1999: 219).

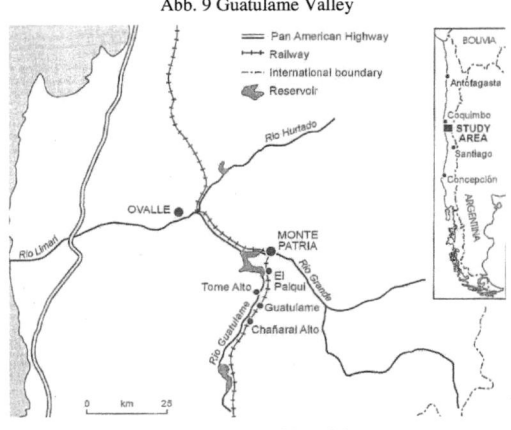

Abb. 9 Guatulame Valley

Quelle: BEE 2001: 235

3.1.1 Auswirkungen auf die Kleinbauern

Die harten und verschlechterten Vertragsbedingungen der großen Obstunternehmen, welche ihre Bezugsquellen beibehalten wollten um weitere Gewinne zu machen, waren vor allem bei den Kleinbauern spürbar. Bauern, welche bei einem exportorientierten Obstunternehmen Schulden hatten, mussten das Unternehmen bis zum Schuldenausgleich weiterhin beliefern. Insofern war es dem Landwirt nicht möglich für den Markt zu produzieren bzw. seine Produkte bei anderen Unternehmen mit besseren Preisen anzubieten. Bei Nichteinhaltung des Schuldenausgleichs bestand die Gefahr, dass die großen Unternehmen das Land übernahmen (GWYNNE 1999: 219).

In El Palqui, im Bereich von Guatulame, wurden die fünf großen Ländereien im Zuge der vergangen Agrarreform in 144 kleine Betriebe zwischen 5 und 10 Hektar unterteilt. Viele der kleinen Landwirte bekamen Ende der 1980er Jahre Kredite von den großen exportorientierten Obstfirmen und verschuldeten sich. Aufgrund der harten Verträge ab 1989 war eine Vielzahl der Kleinbauern gezwungen ihr Land an die großen Unternehmen zu verkaufen.

Anders als in El Palqui erhielten die Kleinbauern im Aconcagua-Tal eine kleine Barzahlung für die Übertragung von landwirtschaftlichen Grundstücken. Ihre Häuser und Gärten durften die Bauern behalten und sie konnten weiterhin als Angestellte für die großen

Exportunternehmen arbeiten. Das Land der Kleinbauern wurde somit obstexportierenden Unternehmen übertragen, welche es wiederum an Großbauern verkauften oder selber führten.

Die Einfügung von Kleinbauern in die globale Produktion kann folglich starke negative Auswirkungen haben. Kleinbauern müssen bei solchen Prozessen mit einer hohen Verschuldung, harten Verträgen, Informationsmangel und wenig rechtlicher Unterstützung rechnen (GWYNNE 1999: 221).

3.1.2 Auswirkungen auf landwirtschaftliche Großbetriebe

Im Hinblick auf die Beziehung zum globalen Markt unterscheiden sich die Großbetriebe von den Kleinbauern. Vereinbarungen mit den Exportunternehmen waren aufgrund der erzielten Versorgungssicherheit oftmals zum Vorteil für die Großbauern. Große Betriebe haben somit mehr Verhandlungsmacht als die Kleinbauern. Aufgrund der größeren Flexibilität ist es ihnen möglich auch mit anderen Exporteuren zu kooperieren.

Zudem besitzen die Großbauern mehr Kreditflexibilität. Kredite können zwar von exportierenden Firmen beschafft werden, aber auch von Banken und anderen Finanzinstituten. Vorteilhaft ist die Beschaffung von Krediten bei Banken, weil sie bei der Schuldenbegleichung mehr Verhandlungsspielraum bereitstellen, während exportorientierte Unternehmen die Schulden als Grundlage zur Enteignung der Anbauflächen sehen.

Daneben haben landwirtschaftliche Großbetriebe einen leichteren Zugang zu Preisinformationen und Informationen über die globalen Obstexporteure. Dies ist vor allem dann für die Landwirte entscheidend, wenn einjährige Preisverträge verhandelt und berechnet werden (GWYNNE 1999: 221).

Großbauern haben mehr von den Vorteilen des Exportwachstums profitiert als die Kleinbauern. Kleine Bauern, welche sich in der Produktion für den Export versuchten, versagten und wurden von den lokalen Märkten verdrängt (BEE 2001: 229).

3.1.3 Auswirkungen auf den lokalen Arbeitsmarkt

Die signifikante Zunahme der exportorientierten Landwirtschaft hatte ebenfalls große Auswirkungen auf den Arbeitsmarkt. Die Nachfrage nach Arbeitskräften wuchs im Rahmen des Ausbaus agro-industrieller Infrastruktur. Während männliche Arbeiter in der Ernte der Tafeltrauben in den Weinbergen beschäftigt waren, wurden weibliche Arbeitskräfte in den Packhäusern eingesetzt. Zwischen 1985 und 1993 hat sich die Beschäftigung der Frau in der exportorientierten Produktion von Tafeltrauben in Chañaral Alto verneunfacht, in Tomé Alto verdreifacht (GWYNNE 1999: 222). Viele Frauen in den ländlichen Gebieten erhielten auf diese Weise in der Traubenwirtschaft erstmalig eine bezahlte, temporäre Arbeit, wodurch sowohl die Unabhängigkeit der Frau als auch das Familieneinkommen stieg (BEE 2001: 237). Die große Arbeitsnachfrage während der Erntezeit zieht auch Nachteile mit sich. Es entstanden Ungleichheiten zwischen permanenten und temporären Arbeitskräften. Saisonarbeiter blieben lange Zeit ohne Lohn und unter der Militärregierung waren Leiharbeitnehmer nicht berechtigt Sozialleistungen zu empfangen (GWYNNE 1999: 223). Migranten kommen aus den verschiedensten Gegenden Chiles in die Region Chañaral Alto, auf der Suche nach Arbeit in der Weinwirtschaft. So schwankt die Einwohnerzahl jährlich zwischen 2.000 und 14.000 (GWYNNE 1999: 223). Aus Sicht der ansässigen Bevölkerung bringen die Migranten soziale Probleme mit sich, wie z.B. Gewalt und Drogenmissbrauch (BEE 2001: 237).

Die oben genannten Veränderungen prägen sich lokal unterschiedlich aus. Der Ausbau der Exportproduktion muss nicht unbedingt die Verdrängung traditioneller Landwirtschaft nach sich ziehen. Kleinbauern bleiben neben den großen exportorientierten Unternehmen ein wichtiger Bestandteil in der produktiven Landschaft, insbesondere für den heimischen Markt (BEE 2001: 229).

4 Fazit

Schlussfolgernd ist die Kultivierung von Nutzpflanzen und die Viehzucht in Chile sehr vielfältig. Die Landschaft wird überwiegend geprägt durch großflächige Weide- und Weizenanbaugebiete sowie durch den berühmten Obst- und Weinanbau.

Das Wachstum der exportorientierten Produktion hat die Landwirtschaft in vielen Teilen Chiles verwandelt. Die Integration der chilenischen Agrarwirtschaft in den Weltmarkt ist gekennzeichnet durch eine enorme Abhängigkeit von den globalen Märkten sowie durch starke und zunehmende Disparitäten zwischen Groß-und Kleinbauern. Insbesondere die kapitalistischen, kommerziellen Landwirte profitierten von der exportorientierten Produktion, während Kleinbauern bemüht sind, wettbewerbsfähig zu bleiben. In den exportorientierten Regionen Chiles, wie das Gebiet Guatulame verdeutlicht, hat die Entwicklung einer Monokultur (Tafeltrauben) zu einer nahezu völligen Abhängigkeit der Landwirtschaft von den ausländischen Märkte geführt (GWYNNE 1999: 223). Desweitern gestalten sich die Arbeitsbedingungen für die Landarbeiter als problematisch. Obwohl die Armut im Land in den vergangenen Jahren, aufgrund des Anstiegs männlicher sowie weiblicher und saisonaler Beschäftigung, reduziert werden konnte, leben dennoch etwa ein Drittel der Landbevölkerung in dürftigen Verhältnissen (KAY 2004: 525).

5 Literaturverzeichnis

ASCHEMEIER, R. (2009): Meyers großes Länderlexikon. Aller Länder der Erde kennen, erleben, verstehen. Mannheim.

BEE, A. (2001): Agro-export production and agricultural communities. Land tenure and social change in the Guatulame Valley, Chile. In: ZOMMERS, A.: Land and sustainable livelihood in Latin America, S.229-240.

Fotobank (o.J.): Sunset at Errazuriz Panquehue, Aconcagua Valley, Chile <http://fotobank.ru/image/SF14-6252.html> (Zugriff: 05.01.2011).

Fotothing (o.J.): Wheat prairie near Temuco city. La Araucania District, Chile. <http://www.fotothing.com/lookchile/photo/58a28ebeae76bbe5bc242a0716baebbf/> (Zugriff: 05.01.2011).

Geographisch-Kartographisches Institut Meyer (Hrsg.) (1973): Meyers Kontinente und Meere. Mittel und Südamerika. Mannheim.

GWYNNE, R. N. (1999): Globalization, commodity chains and fruit exporting regions in Chile. In: Tijdschrift voor Economische en Sociale Geografie 90 (2), S.211-225.

INTEMANN, G.; SNOUSSI-ZEHNTER, A., VENHOFF, M. (2004): Diercke Länderlexikon. Braunschweig.

IRIARTE, J. A.; LOBOS, G. A.; JAKSIC F. M. (2005): Invasive vertebrate species in Chile and their control and monitoring by governmental agencies. <http://www.scielo.cl/scielo.php?pid=S0716-078X2005000100010&script=sci_arttext> (Zugriff: 02.01.2011).

KAY, C. (2004): Der Agrarsektor. In: IMBUSCH, P. : Chile heute. Politik, Wirtschaft, Kultur. Frankfurt am Main, S. 525-601.

MercoPress (2006): Sheep farming innovation in Magallanes Region <http://en.mercopress.com/2006/08/17/sheep-farming-innovation-in-magallanes-region> (Zugriff: 03.01.2011).

National Museum Of Australia (o.J.): Rio Loa, the only river to cross the Atacama Desert; taken near Calama, Chile <http://www.nma.gov.au/exhibitions/past_exhibitions/extremes/south_america/south_america _slideshow/slideshow_1_3.html> (Zugriff: 04.01.2011).

NAVARRO, J. E. (1982): Ausbildung und Beratung im Agrarreformprozess. Dargestellt am Beispiel Chile und Peru. Heidelberg.

TIETZE, W. (Hrsg.) (1982): Westermann Lexikon der Geographie. Bd. 1. Weinheim.

Umpfenbach, V. (2003): Travelogue Chile 2003. La Serena to Valparaiso
<http://volker.umpfenbach.de/en/reisen/2003suedamerika/2003suedamerika10.htm> (Zugriff:
04.01.2010).

WEIL, T. E. (1969): Area Handbook for Chile. Washington.

Wikipedia.org:
a) Viehwirtschaft
<http://en.wikipedia.org/wiki/File:Ganaderiaosorno.jpg> (Zugriff: 05.01.2011)-
b) Schafsherde in der Tierra del Fuego
<http://en.wikipedia.org/wiki/File:Corriedale_lambs_in_Tierra_del_Fuego.JPG> (Zugriff:
05.01.2010).

Yahoo! Deutschland GmbH (2010): Arica & Parinacota Region, Chile: Panoramic view of the
Azapa Valley
<http://www.flickr.com/photos/thejourney1972/4342833966/in/faves-iks_berto/> (Zugriff:
04.01.2011).

ZIEHR, W. (1970): Weltreise. Alles über alle Länder unserer Erde. Bd.14 Südamerika.
München.